COMICE AGRICOLE

DES CANTONS

D'AMPLEPUIS ET THIZY

DE

QUATRE COMMUNES DU CANTON DE LAMURE

Et de Saint-Just-d'Avray

1874

Dix-neuvième année

CONCOURS DU 10 OCTOBRE

A Cublize.

LYON

IMPRIMERIE L. BOURGEON

92, RUE MERCIÈRE, 92.

1875

COMICE AGRICOLE
DES CANTONS
D'AMPLEPUIS ET THIZY
DE
QUATRE COMMUNES DU CANTON DE LAMURE
Et de Saint-Just-d'Avray

1874

Dix-neuvième année

CONCOURS DU 10 OCTOBRE

A Cublize.

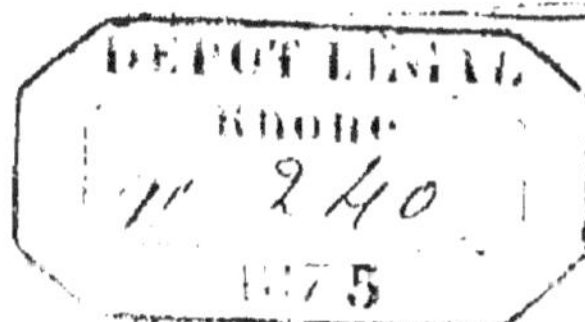

LYON
IMPRIMERIE L. BOURGEON
92, Rue Mercière, 92.

1875

EXPLICATION DES SIGNES.

Dimanche,	♙	Les Gémeaux,	♊
Jour de fête,	♙	L'Ecrevisse,	♋
Jour ouvrier,	▲	Le Lion,	♌
Nouvelle lune,	●	La Vierge,	♍
Premier quartier,	☽	La Balance,	♎
Pleine lune,	○	Le Scorpion	♏
Dernier quartier,	☾	Le Sagittaire,	♐
SIGNES DU ZODIAQUE		Le Capricorne,	♑
Le Bélier,	♈	Le Verseau,	♒
Le Taureau,	♉	Les Poissons,	♓

ÉCLIPSES.

Soleil (totale), 6 avril, à 6 h. 41 m. matin, invisible à Paris.
Soleil (partielle), 29 septembre, à 1 h. soir, visible à Paris.

FÊTES MOBILES.

Les Cendres, 10 février.	La Pentecôte, 16 mai.
Pâques, 28 mars.	La Fête-Dieu, 27 mai.
L'Ascension, 6 mai.	1er Dim. de l'Avent, 28 nov.

SAISONS.

Printemps, le 21 mars.	Automne, le 23 septembre.
Eté, le 21 juin.	Hiver, le 22 décembre.

On désigne sous le nom de *Lune Rousse* la lune qui suit immédiatement celle de mars. Elle commencera cette année le 6 avril, à 6 h. 45 m. matin, et finira le 5 mai, à 3 h. 13 soir.

CHRONOLOGIE.

Du commencement du Monde	5875	ans
De la période Julienne.	6588	»
Du Déluge	4219	»
De la fondation de Rome	2628	»
De la Naissance de Jésus-Christ	1875	»
Depuis l'invention de la poudre	521	»
De l'invention de l'imprimerie	434	»
Depuis la découverte de l'Amérique	383	»
De la Révolution française de 1789	86	»

JANVIER

			SOLEIL				LUNE			
			Lever		Coucher		Lever		Coucher	
			h.	m.	h.	m.	h.	m.	h.	m.
1	ven	*Circoncision.*	7	56	4	12	1 Matin	46	0 Soir	10
2	sam	s. Basile.	7	56	4	13	2	55	0	25
3	Dim	se Geneviève.	7	56	4	14	4	6	0	46
4	lun	s. Tite, évêq.	7	56	4	15	5	15	1	13
5	mar	s. Siméon Styl	7	55	4	16	6	25	1	48
6	mer	*Epiphanie.*	7	55	4	17	7	28	2	35
7	jeu	s. Lucien.	7	55	4	18	8	22	3	34
8	ven	s. Patient.	7	55	4	19	9	3	4	46
9	sam	s. Adrien.	7	54	4	21	9	35	6	7
10	Dim	s. Guillaume.	7	54	4	22	9	58	7	27
11	lun	s. Théodose.	7	53	4	23	10	17	8	47
12	mar	s. Arcade.	7	53	4	25	10	32	10	7
13	mer	se Véronique.	7	52	4	26	10	49	11	26
14	jeu	s. Félix.	7	52	4	27	11	5		
15	ven	s. Bonnet.	7	51	4	29	11	23	0 Matin	47
16	sam	s. Marcel, pap	7	50	4	30	11	44	2	11
17	Dim	s. Antoine.	7	49	4	32	0 Soir	12	3	36
18	lun	Ch. s. Pierre.	7	49	4	33	0	50	5	1
19	mar	s. Bonnet.	7	48	4	35	1	42	6	17
20	mer	s. Fabien.	7	47	4	36	2	50	7	19
21	jeu	se Agnès.	7	46	4	38	4	7	8	6
22	ven	s. Vincent.	7	45	4	39	5	28	8	38
23	sam	s. Barnard.	7	44	4	41	6	47	9	3
24	Dim	*Septuagésime.*	7	43	4	42	8	2	9	21
25	lun	Conv. s. Paul	7	42	4	44	9	14	9	36
26	mar	s. Polycarpe.	7	41	4	46	10	23	9	49
27	mer	s. Jean Chrys.	7	39	4	47	11	31	10	2
28	jeu	s. Cyrille d'Al.	7	38	4	49			10	15
29	ven	s. Franc. de S.	7	37	4	51	0 Matin	39	10	30
30	sam	se Bathilde.	7	36	4	52	1	49	10	49
31	Dim	*Sexagésime.*	7	35	4	54	2	59	11	11

Les jours croissent de 1 heure 3 minutes.

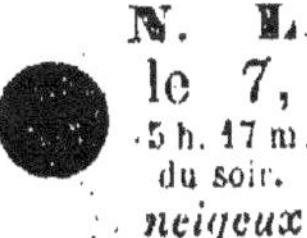

N. L. le 7, 5 h. 17 m. du soir. *neigeux*

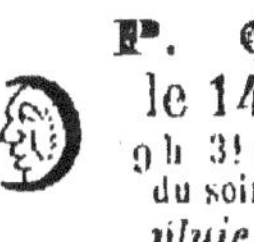

P. Q. le 14, 9 h. 31 m. du soir. *pluie.*

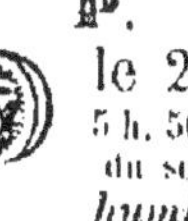

P. L. le 21, 5 h. 50 m. du soir. *humide*

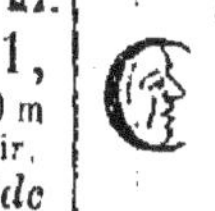

D. Q. le 29, 0 h. 43 m. du soir. *froid*

FÉVRIER

			Soleil Lever h. m.	Soleil Coucher h. m.	Lune Lever h. m.	Lune Coucher h. m.
1	lun	s. Ignace.	7 33	4 55	4 Matin. 9	11 M. 42
2	mar	*Purificat. N-D*	7 32	4 57	5 16	0 Soir. 25
3	mer	s. Blaise, évêq	7 30	4 59	6 13	1 20
4	jeu	sᵉ Jeanne de V	7 29	5 0	6 59	2 28
5	ven	sᵉ Agathe, v.	7 27	5 2	7 34	3 46
6	sam	s. Odilon.	7 26	5 3	8 1	5 3
7	Dim	*Quinquagés.*	7 24	5 5	8 22	6 25
8	lun	s. Jean de M.	7 23	5 7	8 40	7 47
9	mar	*Mardi-gras.*	7 21	5 9	8 55	9 13
10	mer	*Les Cendres.*	7 19	5 10	9 11	10 35
11	jeu	s. Sévérin.	7 18	5 12	9 28	11 59
12	ven	sᵉ Eulalie	7 16	5 14	9 40	
13	sam	sᵉ Bathilde.	7 14	5 15	10 14	1 Matin. 24
14	Dim	*Quadragésim.*	7 13	5 17	10 47	2 48
15	lun	s. André.	7 11	5 18	11 33	4 7
16	mar	s. Onésime.	7 9	5 20	0 Soir. 35	5 12
17	mer	*4 Temps.*	7 8	5 22	1 47	6 2
18	jeu	s. Siméon.	7 6	5 23	3 6	6 39
19	ven	s. Conrad.	7 4	5 25	4 25	7 5
20	sam	s. Eucher.	7 2	5 27	5 41	7 24
21	Dim	*Reminiscere.*	7 0	5 28	6 55	7 40
22	lun	sᵉ Isabelle.	6 58	5 30	8 5	7 55
23	mar	s. Damien.	6 56	5 32	9 15	8 7
24	mer	s. Mathias.	6 55	5 33	10 23	8 21
25	jeu	s Taraise.	6 53	5 35	11 33	8 34
26	ven	sᵉ Honorine.	6 51	5 36		8 50
27	sam	s. Galmier.	6 49	5 38	0 Matin. 43	9 11
28	Dim	*Oculi.*	6 47	5 40	1 54	9 39

COMPUT ECCLÉSIASTIQUE	Nombre d'or...... 14	Épacte.............. XXIII
	Cycle solaire..... 8	Lettre dominicale.... c

Les jours croissent de 1 heure 31 minutes.

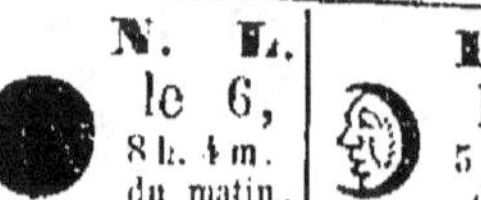

N. L.	P. Q.	P. L.	D. Q.
le 6, 8 h. 4 m. du matin. *beau*	le 13, 5 h. 29 m. du matin *pluvieux*	le 20, 8 h. 10 m. du matin. *froid*	le 28, 10 h. 1 m. du matin. *dégel*

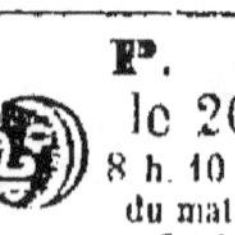

MARS

			SOLEIL				LUNE			
			Lever		Coucher		Lever		Coucher	
			h.	m.	h.	m.	h.	m.	h.	m.
1	lun	s. Aubin.	6	45	5	41	3 Matin	1	10 Matin	14
2	mar	s Simplice.	6	43	5	43	4	1	11	4
3	mer	se Camille.	6	41	5	44	4	53	0 Soir	7
4	jeu	s. Casimir.	6	39	5	46	5	32	1	19
5	ven	s. Adrien.	6	37	5	47	6	3	2	43
6	sam	se Colette.	6	35	5	49	6	25	4	3
7	Dim	*Lætare.*	6	33	5	51	6	45	5	28
8	lun	s. Jean de D.	6	31	5	52	7	1	6	51
9	mar	se Françoise.	6	29	5	54	7	17	8	16
10	mer	40 Martyrs.	6	27	5	55	7	34	9	41
11	jeu	s. Constantin.	6	25	5	57	7	52	11	9
12	ven	s. Grégoire.	6	23	5	58	8	16		
13	sam	se Euphrasie.	6	20	6	0	8	47	0 Matin	36
14	Dim	*La Passion.*	6	18	6	1	9	29	1	58
15	lun	s. Zacharie.	6	16	6	3	10	26	3	8
16	mar	s. Abraham.	6	14	6	4	11	36	4	2
17	mer	s. Agricole.	6	12	6	6	0 Soir	52	4	41
18	jeu	s. Alexandre.	6	10	6	7	2	9	5	10
19	ven	s. Joseph.	6	8	6	9	3	26	5	31
20	sam	s. Joachim.	6	6	6	11	4	40	5	47
21	Dim	*Les Rameaux.*	6	4	6	12	5	51	6	2
22	lun	s. Octavien.	6	2	6	14	7	0	6	15
23	mar	s. Victorin.	5	59	6	15	8	8	6	27
24	mer	s. Simon.	5	57	6	17	9	18	6	40
25	jeu	ANNONCIATION.	5	55	6	18	10	29	6	56
26	ven	*Vendr.-Saint.*	5	53	6	19	11	39	7	15
27	sam	s. Robert.	5	51	6	21			7	38
28	Dim	PAQUES.	5	49	6	22	0 Matin	48	8	10
29	lun	s. Eustase.	5	47	6	24	1	51	8	53
30	mar	s. Jean Clim.	5	45	6	25	2	45	9	47
31	mer	s. Benjamin.	5	43	6	27	3	57	10	57

Les jours croissent de 1 h. 48. — Le printemps commence le 21 mars

N. L.	P. Q.	P. L.	D. Q.
le 7, 8 h 20 m. du soir. *humide*	le 14, 1 h 15 m. du soir *variable*	le 22, 0 h. 1 m. du matin. *sec*	le 30, 4 h 34 m. du matin. *frais*

AVRIL

			Soleil Lever		Soleil Coucher		Lune Lever		Lune Coucher	
			h.	m.	h.	m.	h.	m.	h.	m.
1	jeu	s. Hugues.	5	41	6	28	4 Matin.	1	0 Soir.	10
2	ven	s. Nizier.	5	38	6	30	4	27	1	34
3	sam	s. Franç de P.	5	36	6	31	4	57	2	56
4	Dim	*Quasimodo.*	5	34	6	33	5	4	4	19
5	lun	s. Vincent F.	5	32	6	34	5	21	5	45
6	mar	s. Célestin.	5	30	6	36	5	36	7	12
7	mer	s Hégésippe.	5	28	6	37	5	54	8	41
8	jeu	s. Denis.	5	26	6	39	6	17	10	13
19	ven	se Marie d'Ég.	5	24	6	40	6	45	11	42
10	sam	s. Macaire.	5	22	6	42	7	25		
11	Dim	s. Léon.	5	20	6	43	8	18	0 Matin.	58
12	lun	s. Jules.	5	18	6	45	9	34	[illegible]	0
13	mar	s. Justin.	5	16	6	46	10	41	2	45
14	mer	s. Lambert.	5	14	6	48	11	59	3	15
15	jeu	se Basilice.	5	12	6	49	1 Soir.	16	3	37
16	ven	s. Fructueux.	5	10	6	51	2	29	3	56
17	sam	s. Anicet.	5	8	6	52	3	40	4	10
18	Dim	s Gébuin.	5	6	6	54	4	49	4	22
29	lun	s. Léon IX.	5	4	6	55	5	58	4	36
20	mar	s. Sulpice.	5	2	6	57	7	6	4	49
21	mer	s. Anselme.	5	0	6	58	8	16	5	3
22	jeu	s. Epipoy.	4	58	7	0	9	27	5	20
23	ven	s. Georges.	4	57	7	1	10	36	5	42
24	sam	s. Fidèle.	4	55	7	2	11	42	6	10
25	Dim	s. Marc, évan.	4	53	7	4			6	50
6	lun	s. Clet.	4	51	7	5	0 Matin.	39	7	40
27	mar	s. Rustique.	4	49	7	7	1	26	8	42
28	mer	s. Vital.	4	48	7	8	2	1	9	53
29	jeu	s. Hugues.	4	46	7	10	2	29	11	11
30	ven	se Cath. de S.	4	44	7	11	2	50	0 Soir.	30

Les jours croissent de 1 h. 39. La lune rousse commence le 6 avril.

N. L. le 6, 6 h. 45 m. du matin. *giboulée*

P. Q. le 12, 9 h. 42 m. du soir. *frais*

P. L. le 20, 4 h. 39 m. du soir. *beau*

D. Q. le 28, 7 h. 26 m. du soir. *vent*

MAI ♊

				SOLEIL Lever	SOLEIL Coucher	LUNE Lever	LUNE Coucher
				h. m	h m	h. m	h. m.
1	sam	ss. Jacq. Phil.		4 42	7 13	3 7 Matin.	1 50 Soir.
2	Dim	s. Athanase.		4 41	7 14	3 24	3 13
3	lun	*Les Rogations*		4 39	7 16	3 40	4 36
4	mar	se Monique.		4 37	7 17	3 57	6 5
5	mer	s. Pie V, pape.		4 36	7 19	4 16	7 38
6	jeu	ASCENSION.		4 34	7 20	4 43	9 8
7	ven	s. Stanislas.		4 32	7 21	5 18	10 35
8	sam	se Aglaé.		4 31	7 23	6 6	11 47
9	Dim	s. Grégoire d N		4 29	7 24	7 8	
10	lun	s. Antonin.		4 28	7 25	8 24	0 40 Matin.
11	mar	s. Maïeul.		4 26	7 27	9 44	1 16
12	mer	s. Pancrace.		4 25	7 28	11 3	1 41
13	jeu	s. Flavien, év.		4 24	7 30	0 20 Soir.	2 1
14	ven	s. Sigismond.		4 22	7 31	1 31	2 19
15	sam	s. Isidore.		4 21	7 32	2 40	2 31
16	Dim	PENTECOTE.		4 19	7 34	3 48	2 44
17	lun	s. Pascal.		4 18	7 35	4 56	2 56
18	mar	s. Éric.		4 17	7 36	6 6	3 10
19	mer	*4 Temps.*		4 16	7 37	7 16	3 26
20	jeu	s. Bernardin.		4 15	7 39	8 26	3 47
21	ven	s. Austrégésile		4 13	7 40	9 33	4 14
22	sam	se Julie,		4 12	7 41	10 34	4 49
23	Dim	*La Trinité.*		4 11	7 42	11 24	5 35
24	lun	s. Alexandre.		4 10	7 44		6 35
25	mar	s. Grégoire vii		4 9	7 45	0 3 Matin.	7 43
26	mer	s. Philippe de N		4 8	7 46	0 32	8 57
27	jeu	*Fête-Dieu.*		4 7	7 47	0 54	10 14
28	ven	s. Germain d P		4 6	7 48	1 14	11 31
29	sam	s. Maximin.		4 6	7 49	1 29	0 50 Soir.
30	Dim	s. Ferdinand.		4 5	7 50	1 43	2 10
31	lun	se Pétronille.		4 4	7 51	2 0	3 34

Les jours croissent de 1 h. 16 — La lune rousse finit le 5 mai.

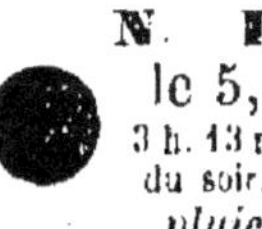

N. L. le 5, 3 h. 13 m. du soir. *pluie*

P. Q. le 12, 7 h 46 m du matin. *variable*

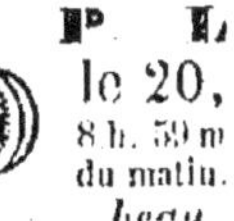

P. L. le 20, 8 h. 59 m. du matin. *beau*

D. Q. le 28, 6 h. 30 m. du matin. *beau*

JUIN ♋

			Soleil Lever h.	m.	Soleil Coucher h.	m.	Lune Lever h.	m.	Lune Coucher h.	m.
1	mar	s. Révérien.	4	3	7	52	2	18 Matin.	5	3 Soir.
2	mer	s. Pothin.	4	3	7	53	2	39	6	33
3	jeu	s^e Clotilde.	4	2	7	54	3	8	8	4
4	ven	s. Optat.	4	1	7	55	3	50	9	23
5	sam	s. Boniface.	4	1	7	56	4	47	10	28
6	DIM	s. Claude, év.	4	0	7	57	6	0	11	13
7	lun	s. Robert.	4	0	7	57	7	21	11	43
8	mar	s. Médard.	3	59	7	58	8	44		
9	mer	s. Prime.	3	59	7	59	10	16	0	6 Matin
10	jeu	s. Landry.	3	59	8	0	11	18	0	23
11	ven	s. Barnabé.	3	58	8	0	0	29 Soir.	0	38
12	sam	s. Antoine de P	3	58	8	1	1	00	0	51
13	DIM	s. Rambert.	3	58	8	2	2	47	1	4
14	lun	s. Basile.	3	58	8	2	3	55	1	18
15	mar	s^e Germaine C	3	58	8	3	5	6	1	33
16	mer	s. J.-F. Régis.	3	58	8	3	6	16	1	52
17	jeu	s. Avit, évêq.	3	58	8	3	7	25	2	16
18	ven	s. Marc.	3	58	8	4	8	27	2	49
19	sam	s. Gerv. s. Pr.	3	58	8	4	9	20	3	32
20	DIM	s. Silvère.	3	58	8	4	10	2	4	28
21	lun	s. Louis de G.	3	58	8	5	10	35	5	34
22	mar	s. Paulin, év.	3	58	8	5	11	0	6	47
23	mer	s. Ferréol.	3	58	8	5	11	18	8	3
24	jeu	s. *Jean-Baptis*	3	59	8	5	11	35	9	20
25	ven	s. Prosper.	3	59	8	5	11	50	10	37
26	sam	s. Anthelme.	3	59	8	5			11	54
27	DIM	s^e Adèle.	4	0	8	5	0	4 Matin.	1	13 Soir.
28	lun	s. Irénée.	4	0	8	5	0	21	2	37
29	mar	s. *Pierre*, s. *P*	4	1	8	5	0	40	4	4
30	mer	s. Martial.	4	1	8	5	1	4	5	33

Les jours croissent de 14 m. — L'été commence le 21 juin.

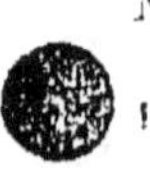

N. L. le 3, 10 h. 30 m du soir. *pluie*

P. Q. le 10, 8 h. 4 m. du soir. *sec*

P. L. le 19, 0 h. 5 m. du matin. *beau*

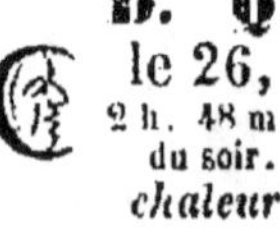

D. Q. le 26, 2 h. 48 m. du soir. *chaleur*

JUILLET

			Soleil Lever h.	m.	Soleil Coucher h.	m.	Lune Lever h.	m.	Lune Coucher h.	m.
1	jeu	s. Thibaud, er.	4	2	8	5	1 *Matin*	40	6 *Soir*	58
2	ven	*Visitat. N. D.*	4	3	8	4	2	27	8	9
3	sam	s. Anatole.	4	3	8	4	3	33	9	3
4	Dim	s[e] Berthe.	4	4	8	4	4	52	9	42
5	lun	s[e] Zoé, m.	4	5	8	3	6	17	10	7
6	mar	s. Gervais.	4	5	8	3	7	41	10	27
7	mer	s. Thomas.	4	6	8	2	8	59	10	43
8	jeu	s[e] Elisabeth.	4	7	8	2	10	13	10	57
9	ven	s[e] Anatolie.	4	8	8	1	11	24	11	9
10	sam	s[e] Félicité.	4	9	8	1	0 *Soir*	34	11	23
11	Dim	s. Savin.	4	10	8	0	1	43	11	38
12	lun	s. Viventiol.	4	11	7	59	2	53	11	55
13	mar	s. Eugène.	4	12	7	59	4	4		
14	mer	s. Bonaventure	4	13	7	58	5	13	0 *Matin*	18
15	jeu	s. Henri.	4	14	7	57	6	19	0	47
16	ven	N.-D. du M.-C.	4	15	7	56	7	16	1	27
17	sam	s. Alexis.	4	16	7	55	8	1	2	19
18	Dim	s. Thomas d'A	4	17	7	54	8	37	3	23
19	lun	s. Vincent de P	4	18	7	53	9	3	4	35
20	mar	s[e] Marguerite.	4	19	7	52	9	23	5	52
21	mer	s. Victor, m.	4	20	7	51	9	40	7	9
22	jeu	s[e] M. Madel.	4	21	7	50	9	56	8	26
23	ven	s. Apollinaire.	4	23	7	49	10	10	9	44
24	sam	*Jours canicul.*	4	24	7	48	10	26	11	2
25	Dim	s. Jacques M.	4	25	7	47	10	43	0 *Soir*	22
26	lun	s[e] Anne.	4	26	7	45	11	6	1	46
27	mar	s. Pérégrin.	4	27	7	44	11	35	3	14
28	mer	s. Nazaire.	4	29	7	43			4	37
29	jeu	s[e] Marthe.	4	30	7	41	0 *Matin*	18	5	53
30	ven	s. Germain.	4	31	7	40	1	13	6	53
31	sam	s. Ignace. de L.	4	33	7	39	2	26	7	36

Les jours diminuent de 58 minutes.

N. L. le 3, 5 h. 34 m du matin. *orageux*

P. Q. le 10, 10 h. 49 m du matin. *beau*

P. L. le 18, 4 h. 36 m. du soir. *chaleur*

D. Q. le 25, 8 h. 48 m. du soir. *vent*

AOUT

			Soleil Lever	Soleil Coucher	Lune Lever	Lune Coucher
			h. m	h. m	h. m.	h. m.
1	Dim	s. Pierre-ès-L.	4 34	7 37	3 49 Matin.	8 7 Soir.
2	lun	s. Etienne.	4 35	7 36	5 14	8 29
3	mar	s. Euphrone.	4 37	7 34	6 34	8 46
4	mer	s. Yon.	4 38	7 33	7 53	9 2
5	jeu	s. Dominique.	4 39	7 31	9 7	9 15
6	ven	Transf. N. S.	4 41	7 30	10 19	9 29
7	sam	s. Alphonse.	4 42	7 28	11 28	9 42
8	Dim	s^e Blandine.	4 44	7 26	0 39 Soir.	9 59
9	lun	s. Ignace.	4 45	7 25	1 49	10 19
10	mar	s. Laurent.	4 46	7 23	3 0	10 46
11	mer	s^e Suzanne.	4 48	7 22	4 7	11 21
12	jeu	s^e Claire.	4 49	7 20	5 9	
13	ven	s. Hippolyte.	4 50	7 18	5 59	0 8 Matin.
14	sam	*Vigile-Jeûne.*	4 52	7 16	6 37	1 9
15	Dim	ASSOMPTION.	4 53	7 14	7 6	2 19
16	lun	s. Roch.	4 55	7 13	7 29	3 34
17	mar	s. Mammès.	4 56	7 11	7 47	4 55
18	mer	s^e Hélène.	4 57	7 9	8 3	6 13
19	jeu	s. André.	4 59	7 7	8 18	7 31
20	ven	s. Bernard.	5 0	7 5	8 33	8 50
21	sam	s^e Jeanne de Ch	5 2	7 3	8 50	10 11
22	Dim	s. Symphor.	5 3	7 1	9 9	11 34
23	lun	s. Philibert.	5 4	7 0	9 36	0 57 Soir.
24	mar	s. Barthélemy	5 6	6 58	10 12	2 24
25	mer	s. Louis, roi.	5 7	6 56	11 4	3 42
26	jeu	*Fin des j. can.*	5 9	6 54		4 46
27	ven	s. Syagre.	5 10	6 52	0 8 Matin.	5 35
28	sam	s. Augustin.	5 12	6 50	1 28	6 6
29	Dim	Déc. s. J.-B.	5 13	6 48	2 49	6 32
30	lun	s. Fiacre.	5 14	6 46	4 12	6 52
31	mar	s. Raymond.	5 16	6 44	5 31	7 7

Les jours diminuent de 1 heure 30 minutes.

N. L.	P. Q.	P. L.	D. Q.	N. L.
le 1,	le 9,	le 17,	le 24,	le 30,
1 h. 37 m du soir.	3 h. 39 m. du matin.	1 h. 43 m. du matin.	1 h. 48 m. du matin.	11 h. 50 m. du soir.
variable	*beau*	*vent*	*averses*	*beau*

SEPTEMBRE ♎

			Soleil Lever		Soleil Coucher		Lune Lever		Lune Coucher	
			h.	m.	h.	m.	h.	m.	h.	m.
1	mer	s. Lazare.	5	17	6	42	6 Matin.	46	7 Soir.	21
2	jeu	s. Just, évêq.	5	19	6	40	7	58	7	33
3	ven	s. Grégoire.	5	20	6	38	9	9	7	47
4	sam	s. Marcel.	5	21	6	36	10	22	8	3
5	Dim	s. Bertin.	5	23	6	34	11	33	8	22
6	lun	s^e Eve.	5	24	6	31	0 Soir.	44	8	45
7	mar	s. Cloud.	5	26	6	29	1	53	9	16
8	mer	*Nativit. N. D.*	5	27	6	27	2	57	9	58
9	jeu	s. Omer.	5	29	6	25	3	51	10	52
10	ven	s. Nicolas T.	5	30	6	23	4	35	11	58
11	sam	s. Hyacinthe.	5	31	6	21	5	7		
12	Dim	s. Sacerdot.	5	33	6	19	5	32	1 Matin.	11
13	lun	s. Aimé, évêq.	5	34	6	17	5	52	2	30
14	mar	Exalt s^e Cr.	5	36	6	15	6	7	3	50
15	mer	*4 Temps.*	5	37	6	12	6	23	5	10
16	jeu	s. Corneille.	5	38	6	10	6	39	6	30
17	ven	s. Lambert.	5	40	6	8	6	55	7	52
18	sam	s^e Sophie.	5	41	6	6	7	14	9	17
19	Dim	s. Janvier.	5	43	6	4	7	39	10	45
20	lun	s. Eustache.	5	44	6	2	8	12	0 Soir.	12
21	mar	s. Mathieu, éva	5	46	6	0	8	58	1	33
22	mer	s. Maurice.	5	47	5	58	9	59	2	42
23	jeu	s^e Thècle.	5	48	5	56	11	12	3	34
24	ven	s. Andoche.	5	50	5	53			4	10
25	sam	s. Loup, évêq.	5	51	5	51	0 Matin.	33	4	37
26	Dim	s^e Justine.	5	53	5	49	1	54	4	57
27	lun	s. Côme, s. D.	5	54	5	47	3	14	5	14
28	mar	s. Ennemond.	5	56	5	45	4	30	5	28
29	mer	s. Michel, arch.	5	57	5	43	5	42	5	41
30	jeu	s. Jérome.	5	59	5	41	6	53	5	54

Les jours dimin. de 1 h. 42 L'automne commence le 23 septembre.

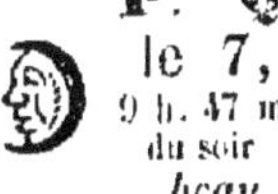

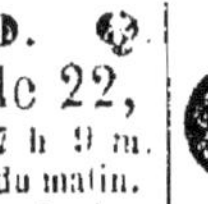
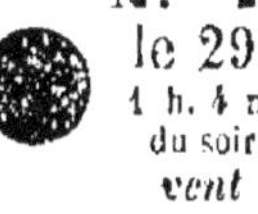

P. Q.	P. L.	D. Q.	N. L.
le 7,	le 15.	le 22,	le 29,
9 h. 47 m. du soir	0 h. 51 m. du soir	7 h. 9 m. du matin.	1 h. 4 m. du soir.
beau	*variable*	*frais*	*vent*

OCTOBRE

			Soleil Lever h.	m.	Soleil Coucher h.	m.	Lune Lever h.	m.	Lune Coucher h.	m.
1	ven	s. Rémy, évêq.	6	0	5	38	8	Matin. 5	6	Soir. 8
2	sam	s. Léger.	6	2	5	36	9	17	6	25
3	Dim	s. Denis.	6	3	5	34	10	29	6	46
4	lun	s. François d'A	6	5	5	32	11	38	7	14
5	mar	s. Placide.	6	6	5	30	0	Soir. 45	7	52
6	mer	s. Bruno.	6	8	5	28	1	43	8	40
7	jeu	s. Marc, pape.	6	9	5	26	2	29	9	40
8	ven	se Brigitte.	6	11	5	24	3	6	10	50
9	sam	s. Denys, évêq	6	12	5	22	3	34		
10	Dim	s. Paulin.	6	14	5	20	3	56	0	Matin. 5
11	lun	s. Firmin.	6	15	5	18	4	10	1	24
12	mar	s. Vilfride.	6	17	5	16	4	28	2	42
13	mer	s. Edouard.	6	18	5	14	4	43	4	3
14	jeu	s. Calixte, p.	6	20	5	12	5	0	5	25
15	ven	se Thérèse.	6	21	5	10	5	18	6	51
16	sam	s. Antioche.	6	23	5	8	5	40	8	20
17	Dim	B. M. M. Alacoq	6	24	5	6	6	11	9	50
18	lun	s. Luc, évang.	6	26	5	4	6	53	11	18
19	mar	s. Pierre d'Al.	6	27	5	2	7	50	0	Soir. 34
20	mer	s. Artème.	6	29	5	0	9	1	1	32
21	jeu	se Ursule.	6	30	4	58	10	22	2	13
22	ven	s. Hilarion.	6	32	4	56	11	44	2	43
23	sam	s. Jean de Cap	6	34	4	55			3	4
24	Dim	s. Senoch.	6	35	4	53	1	Matin. 3	3	21
25	lun	s. Crépin, s. C	6	37	4	51	2	18	3	36
26	mar	s. Evariste, p.	6	38	4	49	3	30	3	49
27	mer	s. Frumence.	6	40	4	47	4	41	4	2
28	jeu	ss. Simon, Jud	6	41	4	46	5	51	4	15
29	ven	s. Narcisse.	6	43	4	44	7	4	4	32
30	sam	s. Lucain.	6	45	4	42	8	15	4	51
31	Dim	*Vigile Jeûne.*	6	46	4	41	9	26	5	17

Les jours diminuent de 1 heure 45 minutes.

P. Q. le 7, 1 h. 15 m. du soir. *beau.*

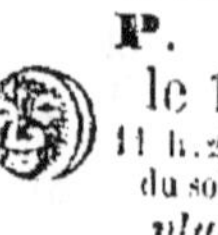

P. L. le 14, 11 h. 24 m. du soir. *pluie*

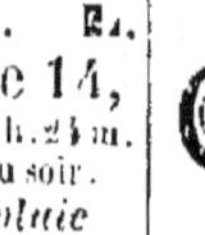

D. Q. le 21, 2 h. 22 m. du soir. *humide*

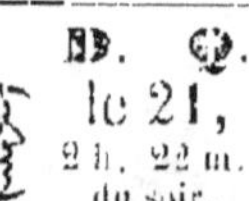

N. L. le 29, 5 h. 2. m. du matin. *beau*

NOVEMBRE

			Soleil Lever		Soleil Coucher		Lune Lever		Lune Coucher	
			h.	m	h.	m	h.	m.	h.	m.
1	lun	Toussaint.	6	48	4	39	10	33 Mat.	5	49 Soir.
2	mar	*Les Morts.*	6	49	4	37	11	34	6	33
3	mer	s. Hubert.	6	51	4	36	0	25 Soir.	7	29
4	jeu	s. Charles, év.	6	53	4	34	1	5	8	34
5	ven	s. Bertille.	6	54	4	32	1	35	9	47
6	sam	s. Léonard.	6	56	4	31	1	58	11	3
7	Dim	s. Ernest.	6	58	4	29	2	16		
8	lun	les stes reliques	6	59	4	28	2	33	0	17 Matin.
9	mar	s. Théodore.	7	1	4	26	2	48	1	35
10	mer	s. André Av.	7	2	4	25	3	2	2	54
11	jeu	s. Martin, év.	7	4	4	24	3	19	4	16
12	ven	s. Réné.	7	6	4	22	3	39	5	44
13	sam	s. Brice, év.	7	7	4	21	4	6	7	15
14	Dim	s. Eugène.	7	9	4	20	4	44	8	47
15	lun	se Gertrude.	7	10	4	19	5	36	10	13
16	mar	s. Eucher.	7	12	4	17	6	44	11	21
17	mer	s. Grégoire T.	7	13	4	16	8	6	0	10 Soir.
18	jeu	s. Romain, m.	7	15	4	15	9	30	0	45
19	ven	se Elisabeth.	7	17	4	14	10	51	1	9
20	sam	s. Octave.	7	18	4	13			1	28
21	Dim	*Présent. N. D.*	7	19	4	12	0	8 Matin.	1	43
22	lun	se Cécile.	7	21	4	11	1	21	1	56
23	mar	s. Clément.	7	22	4	10	2	31	2	9
24	mer	s. Jean de la ✝	7	24	4	9	3	41	2	23
25	jeu	se Catherine.	7	25	4	8	4	52	2	38
26	ven	s. Amateur.	7	27	4	7	6	3	2	56
27	sam	s. Maxime.	7	28	4	7	7	14	3	19
28	Dim	*L'Avent.*	7	30	4	6	8	23	3	50
29	lun	s. Saturnin.	7	31	4	5	9	26	4	50
30	mar	s. André.	7	32	4	5	10	21	5	23

Les jours diminuent de 1 heure 18 minutes.

P. Q. le 6, 10 h. 1 m. du matin. *froid*

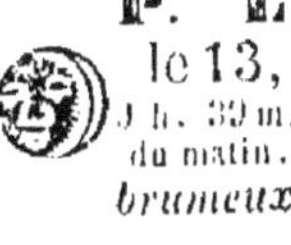

P. L. le 13, 3 h. 39 m. du matin. *brumeux*

D. Q. le 20, 0 h. 46 m. du matin. *neige.*

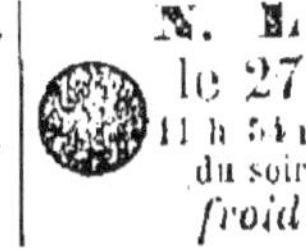

N. L. le 27, 11 h. 54 m. du soir. *froid*

DÉCEMBRE

				Soleil Lever h. m.	Soleil Coucher h. m.	Lune Lever h. m.	Lune Coucher h. m.
1	mer	s. Eloi, évêq.		7 34	4 4	11 3 Matin.	6 25 Soir.
2	jeu	se Marianne.		7 35	4 4	11 36	7 34
3	ven	s. Franç.-Xav		7 36	4 3	0 2 Soir.	8 47
4	sam	se Barbe, v.		7 37	4 3	0 21	10 2
5	Dim	s. Sabas, ab.		7 39	4 2	0 37	11 16
6	lun	s. Nicolas. év.		7 40	4 2	0 52	
7	mar	s. Ambroise.		7 41	4 2	1 6	0 30 Matin.
8	mer	*Concept. N. D*		7 42	4 2	1 21	1 49
9	jeu	se Léocadie.		7 43	4 1	1 39	3 10
10	ven	N-D de Lorette		7 44	4 1	2 2	4 37
11	sam	s. Damase, p.		7 45	4 1	2 32	6 8
12	Dim	s. Epimaque.		7 46	4 1	3 17	7 38
13	lun	se Lucie, m.		7 47	4 1	4 18	8 58
14	mar	s. Nicaise.		7 48	4 1	5 37	9 58
15	mer	*4 Temps.*		7 49	4 2	7 4	10 41
16	jeu	se Adélaïde.		7 50	4 2	8 29	11 10
17	ven	se Olympe.		7 50	4 2	9 52	11 32
18	sam	s. Gatien.		7 51	4 2	11 9	11 49
19	Dim	s. Timoléon.		7 52	4 3		0 3 Soir.
20	lun	s. Philogone.		7 52	4 3	0 22 Matin.	0 16
21	mar	s. Thomas.		7 53	4 4	1 32	0 29
22	mer	s. Flavien.		7 53	4 4	2 43	0 44
23	jeu	se Victoire.		7 54	4 4	3 53	1 1
24	ven	*Vigile-jeûne.*		7 54	4 5	5 4	1 23
25	sam	*NOEL.*		7 55	4 6	6 13	1 52
26	Dim	*s. Etienne.*		7 55	4 6	7 19	2 29
27	lun	*s. Jean, év.*		7 55	4 7	8 17	3 18
28	mar	les Innocents.		7 56	4 8	9 3	4 18
29	mer	s. Trophime.		7 56	4 9	9 39	5 26
30	jeu	s. Sabin, évêq		7 56	4 10	10 6	6 38
31	ven	s. Sylvestre, p		7 56	4 11	10 27	7 52

Les jours diminuent de 5 min. L'hiver commence le 22 décembre.

P. Q. le 6, 2 h 5 m. du matin. *froid*

P. L. le 12, 7 h. 55 m. du soir. *neigeux*

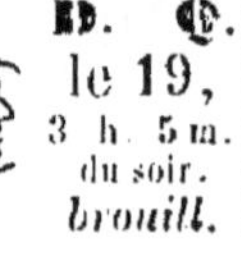

D. Q. le 19, 3 h. 5 m. du soir. *brouill.*

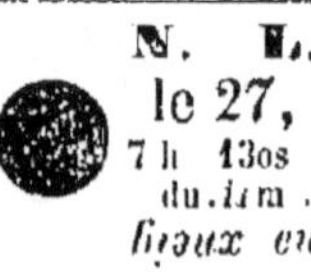

N. L. le 27, 7 h 13 m. du matin. *beaux en*

Foires du departement du Rhône.

JANVIER. — 2 Brignais, Chambost-Long., Lentilly, St-Julien-de-B. 4 Oullins, St-Laurent-d'A., Chambost-Ch. 7 Bully, Givors. 13 St-Laurent-de-Cham. 14 Vaugneray. 15 Vourles, Lozanne-d'Az, Vaux-en-Velin. 16 Aigueperse. 17 Ste-Colombe, Ouroux. Saint-Loup. 18 Mornant. 19 La Tour-de-S. 20 Riverie. Ville-chenève. 21 Pollionay, Soucieu, Villié. 22 Amplepuis. Grigny. 23 St-Genis-L. 25 St-Andéol-le-Ch., Cenves, Chamelet. Chessy. 28 Bron. 29 Givors, Grézieux-la-V. 30 Haute-Rivoire. 1er lundi, les Halles, Villefranche, Cours. 1er mardi, Bois-d'Oingt. 1er mercredi, Chazay-d'Az., Thizy. 3me jeudi, Ste-Foy-l'Arg. Dernier jeudi, Poule.

FÉVRIER. — 1 Tharins, St-Georges-de-R. 3 Les Halles, Larajasse, Saint-Didier-sous-R., St-Julien-de-B., Vernaison, Jullie, Vaux. 5 Montrottier, Iseron, Châtillon-d'Az. 6 La Tour-de-S. 7 Grandris. 16 St-Vérand. 21 St-Bonnet-des-B. 22 Chambost-C. 1er lundi, Cours, St-Forgeux. 1er mardi, Bois-d'Oingt. 1er mercredi, Thizy. 1er jeudi, Anse. 2e jeudi, Meys. 1er samedi de Carême, St-Bel. 2me mercredi de Carême, Villechenève. Lundi av. la Purification, Monsols. Vendredi, id., Neuville. Jeudi-gras, Villechenève. Mercredi des Cendres, Ste-Foy-lès-Lyon, Beaujeu. Samedi de mi-Carême, Amplepuis. Chamelet. Mercredi id., Beaujeu. Jeudi, ap. le 5. Lamure. Dernier jeudi, Poule.

MARS. — 1 Aigueperse. 8 Villié. 10 Orlienas, Cercié, Jullié. 12 Savigny, Belleville. 18 Vaugneray. 19 Grezieux-la-V., 20 Neuville, St-Nizier-d'Az. 22 Cuire et Caluire, Juliénas. Ouroux, St-Loup. 24 Chenelette, Grandris. 25 Quincié. 26 Bully, Iseron, Valsonne. 30 Vaux. 1er lundi, Cours. 1er mardi, Bois-d'Oingt. 1er mercredi, Thizy. 1er jeudi, Anse. Jeudi avant la Passion, St-Just-d'Avray. Mardi ap. la Passion, Ranchal. Dernier mardi, St-Vincent-de-Reins. La veille des Rameaux, Chambost. Lundi saint, Rontalon, St-Laurent-de-Chamousset. Mardi-saint, Montrottier, St-Martin-en-Haut. Jeudi-saint, Irigny, Cublize. Vendredi-saint, Condrieu. Samedi-saint, Chamelet. — APRÈS PAQUES. Lundi, St-Andéol-le-Château. Mardi, Amplepuis, Cenves. Mercredi, St-Genis-Lav., Propières. Jeudi, Bessenay, les Halles, St-Jacques-des-Arrêts. Samedi, Cublize. 3me jeudi, Ste-Foy-l'Arg. Dernier jeudi, Poule.

AVRIL. — 1 St-Laurent-d'A. 10 Givors. 17 Chenelette. 20 Chambost-Long., St-Nizier-d'Az., Villié. 22 St-Georges-de-Reneins. 23 Riverie, St-Jean-d'Ar. 25 Haute-Rivoire, Ste-Colombe, Chazay-d'Az., Joux, Jullié. 26 Grezieux-la-V., Aigueperse, Fleurie, 28 Les Olmes. 29 Ouroux, Ranchal, St-Bonnet-des-B. 1er lundi, Villefranche, Cours, St-Forgeux. 2e lundi, Meaux. 1er mardi, Bois-d'Oingt. 1er mercredi, Thizy. 1er jeudi, Anse, Tarare. Jeudi après le 25, Lamure. 1er samedi, St-Georges-de-R. Dernier jeudi, Poule.

MAI. — 1 Neuville, St-Lager. 2 Irigny, Villechenève, St-Christophe. 4 La-Tour-de-S. 5 St-Just-d'A. 6 Chasselay, Pollionay, St-Martin-en-Haut, Mardore, St-Jacques-des-Arrêts, St-Loup. 9 Iseron. 12 Bessenay, Soucieux, Chambost-Allières, Jullié, 15 Belleville. 16 Chenelette, St-Vérand. 18 Cercié. 19 Villié. 20 Tharins, Propières, Saint-Nizier-d'Az. 25 Orlienas, Marnant, Vaux. 26 Ouroux. 28 Larajasse. Lundi des Rogations, St-Andéol-le-C., La veille de l'Ascension, Beaujeu. La veille de la Fête-Dieu, Beaujeu. 1er lundi, Cours. St-Igny-de-V. 1er mardi, Bois-d'Oingt. 2me mardi, Monsols. 1er mercredi, Thizy. 3me mardi, Bourg-de-Thizy. Mardi avant la Pentecôte, Haute-Rivoire. Lundi après la Pentecôte, Riverie, Villefranche (2 jours). Mardi id., Amplepuis, Brullioles, Belleville, Cenves, Ranchal. Jeudi id., Joux. Samedi id., St-Bel. 4me lundi après, Longessaigne. Dern. mardi, St-Vincent-de-Reins. Dern. jeudi, Poule.

JUIN. — 1 Chenelette. 4 St-Just-d'A. 6 Brignais, Avenas, Grandris. 7 Les Olmes. 11 Condrieu, St-Laurent-de-Ch., Savigny, Aigueperse, Cublize. 12 Cenves. 16 Montrottier, Chenelette. 20 Ouroux, St-Nizier-d'Az. 23 Bully. 24 Vogue à l'Arbresle, Neuville, St-Igny-de-V., 25 Grezieux-la-Var., Mardore, St-Jacques-des-Ar., St-Jean-d'Ar. 26 Juliénas, Marchamp, Tarare. 29 Lentilly, Chessy, St-Lager. 30 Millery, Cenves, Salles. 1er lundi, Cours. 1er mercredi, Thizy. 1er lundi après la St-Jean, Ste-Foy-l'Arg. 1er mardi, Bois-d'Oingt. 3e lundi, Meaux. 3me mardi, Bourg-de-Thizy. Dernier jeudi, Poule.

FOIRES DU DÉPARTEMENT DU RHONE.

JUILLET. — 2 Haute-Rivoire, St-Just-d'A. 16 Chenelette. 19 Talnyers. 22 St-Maurice-sur-D., Cenves. 23 Aigueperse. 26 Irigny, Ste-Colombe, Jullié, St-Loup. 29 Chenelette. ☞ 1er lundi, Villefranche, Cours. 1er mardi, Bois-d'Oingt. 1er mercredi, Villechenève, Thizy. Dernier jeudi, Poule.

AOUT. — 1 St-Laurent-de-Ch., Chambost-A. 2 Larajasse, Montrottier. 4 St-Laurent-d'A., Belleville, Salles. 8 Mornant. 9 Lentilly, Affoux. 10 Vaugneray. 11 St-Andéol-le-Ch. 14 Villechenève, Chenelette, Lorrdets. 16 Thurins, Avenas, Cublize, St-Vérand. 17 Bessenay, Grézieux-la-V. 19 Cuire et Caluire. 20 St-Bonnet-les-B. 23 Chamelet. 25 Oaroux. 26 Condrieu, St-Genis-Laval. 28 St-Julien-de-B. 29 Iseron, Cenves, St-Jean-la-B. 31 St-Loup. ☞ 1er lundi, Cours, St-Forgeux. 1er mardi, Bois-d'Oingt. 1er mercredi, Thizy. 1er jeudi, Anse. 2me lundi, Villié. 2me mardi, Monsols. Mardi av. le 15, Amplepuis. Lundi le plus pres du 24, Fleurieux-sur-A. Dernier mardi, St-Vincent-le-R. Dernier jeudi, Poule.

SEPTEMBRE. — 4 Mardore, St-Georges-de-R. 7 Villechenève, Grandris, St-Jacques-des-A. 8 Chessy. 9 Brignais, Joux. 10 Savigny. 12 Les Olmes. 15 Vaux-en-Velin. 16 Chambost-Long. Orliénas. 18 St-Loup. 20 Ste-Foy-l'Ar. 21 Chenelette. 23 La Tour-de-S. 29 Bully, St-Laurent-de-Cham., Poule, St-Lager. 30 Ste-Colombe. ☞ 1er lundi, Cours. 1er mardi, Bessenay, Bois-d'Oingt. 1er mercredi, Thizy. 3e jeudi, Meys. Vendredi avant la Nativité, Neuville. Dernier mardi, St-Vincent-de-Reins. Mardi après le 8, Pollionay. Dernier jeudi, Poule.

OCTOBRE. — 1 Valsonne. 4 Chenelette. 5 Vaugneray. 6 Vernaison. 9 St-Martin-en-Haut, Aigueperse, Chambost-Al. 10 Cercié, Juliénas. 13 Givors. 15 Iseron, St-Just-d'Avray. 18 Riverie, Joux, Jullié. 19 Haute-Rivoire. 20 Belleville, St-Bonnet-les-B., St-Nizier-d'Az. 25 Mornant. 27 Chenelette. 28 Condrieu, Fleurieux-sur-A., Les Halles, Mornant, Chamelet, St-Loup. 30 Millery. 31 St-Igny-de-V. ☞ 1er lundi, Villefranche, Cours. 1er mardi, Bois-d'Oingt. 1er mercredi, Thizy. 4me jeudi, Ste-Foy-l'Argentière. Dernier mardi, St-Vincent-de-Reins. Dernier jeudi, Poule.

NOVEMBRE. — 2 Montrottier, Pollionay, Saint-Andéol-le-Ch., Amplepuis. 3 St-Georges-de-R. 4 Bully. 6 Orliénas. 7 Oaroux. 8 Thurins. 9 Jullié. 10 Fleurie. 11 Oullins, Chenelette, St-Marcel-l'E., St-Georges-de-R. 12 Cuire et Caluire, Savigny, Talnyers, Cublize, St-Christophe, Vaux, Villié. 15 Chambost-Al., St-Clément-sous-V. 16 Larajasse, Châtillon-d'Az. 18 Soucieu. 20 Cercié. 22 St-Nizier-d'Az. 23 Limonest, St-Cyr-au-Mont-d'Or, Ste-Foy-les-Lyon. 25 Chambost-Long., St-Genis-Laval. 28 Aigueperse. 30 Iseron. ☞ 1er lundi de l'Avent, Les Halles. Lundi avant la Toussaint, Monsols. Mercredi avant la Toussaint, Beaujeu. Vendredi avant la Toussaint, Neuville. 1er jeudi, Anse. 1er mardi, Bois-d'Oingt. 1er lundi, Cours, St-Igny-de-V. 1er mercredi, Thizy. Jeudi après le 23, Lamure. Dernier jeudi, Poule.

DECEMBRE. — 1 Belleville, Tarare. 2 Vaugneray. 4 Grézieux-la-V., Rontalon, Chessy. 5 Oullins. 6 Condrieu, Irigny, St-Laurent-de-Ch. 7 Grandris. 8 Talnyers. 9 l'Arbresle, St-Martin-en-Haut, Valsonne. 10 Ste-Foy-les-Lyon, La Tour-de-S. 12 Chambost-Al. 13 Haute-Rivoire, Chamelet. 16 Grigny, Neuville. 17 St-Genis-Lav., Villié. 18 Millery, St-Andéol-le-Ch. 21 Brignais, Cublize. 22 Bessenay, Cuire et Caluire. 26 l'Arbresle, Mornant. 28 Chasselay. 29 Longessaigne. 31 Juliénas. ☞ 1er lundi, Cours, St-Forgeux. Jeudi après la Conception, Ste-Foy-l'Argent., Mercredi av. la St-Nicolas, Beaujeu. 1er mardi, Amplepuis, Bois-d'Oingt. 1er jeudi, Anse. 1er mercredi, Chazay-d'Az., Thizy. Dernier jeudi, Poule.

SUPPLÉMENT. — 10 janvier, Les Chères, Condrieu. — 22 janvier, l'Arbresle. — 14 février, 10 mai et 29 octobre, Condrieu. — 15 janvier, 15 septembre, 1er lundi de novembre, St-Igny-de-Vers. — Jeudi gras, 19 mars, 2e samedi après Pâques, 12 mai, 7 septembre, 31 octobre, 23 novembre, St-Clément-de-Vers. — 1e mardi d'octobre, Vaugneray. — 27 avril et 27 août, St-Maurice-sur-D.

Foires du département de la Loire

Foires mobiles. — *Belleroche*, Jeudi-Saint. *Belmont*, 2e jeudi de mars, avril, mai, novembre et décembre. *Boën*, jeudi-gras, mi-carême, mardi-saint, dernier jeudi d'août, dernier mercredi de novembre, dernier jeudi de juillet. *Bourg-Argental*, mi-carême, Quasimodo, 1er lundi d'octobre. *Cervière*, lundi gras, mardi de Pâques, lundi avant la Pentecôte, lundi avant la St-Jean, lundi avant le 15 août, lundi après la Toussaint, lundi avant noël. *Changy*, lundi de Quasimodo, jeudi de la Pentecôte, mardi avant l'Assomption. *Chavanay*, 1er lundi après la fête de Ste-Agathe en février, 3e lundi d'août. *Coutouvres*, mardi après Quasimodo. *Dargeoire*, le lundi de la Trinité. *Feurs*, lundi lendemain des courses hippiques, mardi avant et mardi après le 17 janvier, le jour de St-Antoine, mardi avant la Toussaint, mardi avant Noël, mardi de la 4e semaine après Pâques. *La Pacaudière*, 1er mardi de mars. *L'hôpital-sous-Rochefort*, mardi après la Trinité lendemain de St-Thomas de décembre. *Maclas*, 1er lundi après le 8 septembre. *Montagny*, 2e jeudi d'avril et de novembre. *Montbrison*, 1er jeudi de carême, samedi-saint, jeudi avant la Pentecôte, samedi avant l'Assomption, samedi avant Noël. *Néronde*, 2e samedi de carême, 1er samedi après la Nativité. *Neulise*, mardi de Pâques, mardi avant la Pentecôte, Jeudi avant Noël. *Noirétable*, samedi avant le 30 juin, samedi avant le 22 septembre. *Panissières*, 1er lundi de février, d'avril, de juillet et d'octobre, le lendemain de la Trinité. *Périgueux*, 2e mardi de mai. *Pouilly-les-Feurs*, jeudi de Quasimodo. *Régny*, mardi après le 23 août. *Rive-de-Gier*, mi-carême. *Roanne*, 1er lundi de carême, 2e mardi de janvier, avril, mai, juillet, septembre, octobre, décembre. *St-Bonnet-le-Château*, le jeudi-saint. *St-Didier-sur-Rochefort*, mardi de la Passion. *Ste-Colombe*, jeudi de la Passion. *St-Étienne*, 1er jeudi des mois d'avril, juillet et novembre. *St-Galmier*, mardi de Pâques, mardi de la Pentecôte. *St-Genest-Malifaux*, 1er mardi après l'Epiphanie, 1er mardi de mai. *St-Haon-le-Châtel*, samedi de la Passion. *St-Jean-Bonnefonds*, 1er mercredi de janvier et de juillet. *St-Just-en-Chevalet*, 2e jeudi de carême, jeudi de la Passion. *St-Martin-Lestra*, mardi de Pâques. *St-Pierre-de-Bœuf*, 1er lundi d'août. *St-Polgues*, mercredi de la mi-carême, mercredi après Pâques, mercredi après la Pentecôte. *St-Rambert*, 1er jeudi de janvier, 3e jeudi de carême. *St-Symphorien-de-Lay*, 1er jeudi apr. les 10 mars, 10 mai, 22 août et 10 décembre. *Usson*, lundi av. la Pentecôte, jeudi av. la St-Michel. *Vougy*, lundi de Pâques. *Briennon*, 1er lundi d'avril. *Lay*, lundi gras, lundi de Quasimodo, lundi av. la St-Jean. *Urbize*, 1er samedi apr. l'Ascension. *St-Barthélemy-Lestra*, 3e samedi de janvier et dernier samedi de mai. *St Martin-d'Estréaux*, 2e mercredi d'avril. *Villeret*, lundi de la Trinité. *St-Jean-la-Vêtre*, le jeudi av. le 22 septembre.

JANVIER. — 2 Pélussin, Bussy-Albieux, Lay. 3 St-Symphorien-de-Lay. 7 St-Germain-Lespinasse, Balbigny. 9 St-Just-en-Chevalet. 12 St-Julien Molin-Molette. 13 Ste-Agathe-la-Bouteresse. 15 St-Paul-en-Jarret, La Fouillouse. 16 St-Marcel d'Urfé. 17 St-Chamond, Villemontais 18 Bussières, 20 St-Germain-Laval. 21 Champdieu. 22 Bourg-Argental, Rive-de-Gier, Firminy, St-Didier-sur-Rochefort, 27 Grézolles 29 Violay. 31 St-Germain Lespinasse

FÉVRIER. — 3 Pélussin, St-Marcellin, Pouilly-les-Feurs, St-André d'Apchon. 5 St-Polgues. 7 St-Marcel-de-Félines. 8 St-Martin-d'Estréaux. 24 Le Chambon, St-Chamond. 25 Dargeoire.

FOIRES DU DÉPARTEMENT DE LA LOIRE

MARS. — 1 Villeret. 10 Champoly. 15 Grézolles. 18 St-Martin-d'Estréaux. 19 Lagresle. 20 St-Genest-Malifaux. 21 Changy. 25 Essertines-en-Donzy. 26 Noirétable. 30 Renaison.

AVRIL. — 2 Ambierle. 8 St-Germain-Lespinasse. 14 Cremeaux. 18 St-Jean-la-Vêtre. 21 Violay. 22 St-Forgeux-Lespinasse. 23 St-Germain-Laval. 25 St-Etienne, St-Marcellin, St-André-d'Apchon, Régny. 26 St-Priest-la-Prugne. 27 St-Martin-la-Sauveté. 28 Pélussin. 30 St-Paul-en-Jarret, St-Just-en-Bas.

MAI. — 1 St-Sauveur, Ambierle. 2 Rive-de-Gier, Noirétable. 3 St-Chamond, St-Just-sur-Loire, Villemontais, Montverdun. 4 St-Pierre-de-Bœuf, Néronde, 5 St-Haon-le-Châtel. 6 Bourg-Argental, St-Just-en-Chevalet. 8 Le Bessat. 10 La Pacaudière, St-Etienne-le-Molard. 12 St-Just-en-Bas, Bussières. 14 St-Martin-d'Estréaux. 16 Pouilly-les-N. 17 St-Marcel-de-F. 20 Sevelinges. 21 Mervieux. 22 St-Julien-Molin-Molette, Firminy. 25 Pélussin. 31 Lagresle, St-Just-la-Pendue.

JUIN. — 6 Le Bessat, Poncins, Belmont, Ste-Colombe, La Pacaudière. 7 St-Priest-la-Prugne. 11 Le Chambon, St-Didier-sur-Rochefort, Vendranges. 14 Boën, St-Martin-d'Estréaux. 21 St-Germain-Lespinasse, Violay. 22 Pouilly-les-Feurs. 23 St-Martin-Lestra. 24 Pélussin, Belleroche, St-Jean-la-Vêtre. 25 St-Etienne, Fontanès, Cremeaux, Neulise. 26 Renaison. 30 Pommiers.

JUILLET. — 2 St-Just-en-Chevalet. 3 St-Chamond. 10 Pouilly-les-Nonains. 20 Briennon. 22 La Pacaudière. 23 Noirétable. 25 St-Julien-Molin-Molette. 26 St-Polgues. 31 St-Just-la-Pendue.

AOUT. — 1 St-Genest-Malifaux, St-Germain-Laval. 3 St-André-d'Apchon. 6 Le Bessat, Ambierle. 7 Balbigny, Grézolles. 10 Le Chambon, Lagresle, St-Martin-d'Estréaux, St-Etienne-le-Molard. 12 St-Priest-la-Prugne, Ste-Colombe. 13 Cremeaux. 16 Belmont. 17 Mervieux, Roanne. 20 Chalmazelle. 22 La Pacaudière. 23 St-Just-en-Chevalet, Vendranges. 24 St-Galmier. 27 St-Polgues. 28 St-Chamond, Régny. 29 Panissières, St-Haon-le-Châtel.

SEPTEMBRE. — 1 Villeret. 2 St-Marcel-de-Félines. 3 Pélussin. 5 St-Marcel-d'Urfé. 9 St-Etienne, St-Martin-Lestra, Urbize. 11 Renaison. 14 St-Forgeux-Lespinasse. 17 Cervières. 18 Le Bessat, Cremeaux, Villemontais. 21 Ste-Agathe-la-Bouteresse (3 jours). 22 Rive-de-Gier. 24 St-Julien-Molin-Molette. 25 Panissières, La Pacaudière. 29 St-Chamond. 30 Belmont, St-Germain-Lespinasse.

OCTOBRE. — 3 Montverdun. 7 Firminy. 9 St-Genest-Malifaux, St-Polgues, St-Martin-d'Estréaux. 10 Coutouvres. 12 St-Priest-la-Prugne. 13 St-Pierre-de-Bœuf. 15 St-Jean-la-Vêtre, Pouilly-les-Nonains. 16 Violay. 17 St-Sauveur. 18 Montbrison, Lagresle, la Pacaudière. 25 St-Just-en-Chevalet. 26 Noirétable. 29 St-Didier-s-Rochefort, St-Just-la-Pendue.

NOVEMBRE. — 2 Bourg-Argental, St-André-d'Apchon. 3 St-Marcellin. 7 Bénissons-Dieu. 8 St-Haon-le-Châtel. 9 Essertines-en-Donzy. 10 St-Martin-Lestra, Champoly. 11 Fontanès, Le Chambon, Pélussin, Ambierle. 12 St-Just-en-Bas, St-Germain-Laval. 14 Périgneux. 18 St-Héand, Maclas, St-Hilaire, Néronde, Changy. 20 Grézolles. 22 Firminy, St-Rambert. 25 St-Galmier, Villeret. 30 Bourg-Argental.

DÉCEMBRE. — 1 Rive-de-Gier, Sury, La Pacaudière. 2 Renaison. 6 St-Marcel-de-Félines. 9 St-Marcellin, Roanne. 13 St-Just-en-Chevalet. 18 St-Martin-d'Estréaux. 20 Cremeaux, Régny. 21 St-Martin-Lestra, Belleroche, Briennon. 28 Bourg-Argental, Meylieu-Montrond. 30 Ste-Colombe.

MM. les Maires de toutes les communes de France sont instamment priés de faire connaître les changements de foires de leur commune. — Écrire à l'Imprimerie L. BOURGEON, rue Mercière, 92, Lyon.

Foires du département de Saône-et-Loire.

AUTUN, 14 et 28 janvier, 1er mars (la veille, foire des moutons). — La veilla
des Rameaux. — 7 et 26 mai. — 21 juin. — 31 juillet. — 1er septembre, 15 à
20 jours, et le 27. — 20 octobre. — 12 et 28 novembre. — 12 décembre.
MARCHÉS. Principal marché pour les céréales, le vendredi. — AUTRES MAR-
CHÉS : les lundi, mercredi et samedi de chaque semaine.
CHALON, 11 et 27 février. — 25 juin. — 9 août. — Lundi après le 8 septembre. — 30 octobre. — Marché le vendredi.
CHAROLLES, le 2me mercredi de chaque mois. — Marché, mercredi.
LOUHANS, le 1er lundi des mois de janvier, février, mars, avril, mai, juillet,
octobre, novembre, décembre. — 1er, 16 et 17 janvier. 1er et 2 février. — Le
lundi avant la Pentecôte. — Le 31 décembre. — Marché le lundi.
MACON, 20 mai, 10 août, 29 septembre, 2 novembre. Jeudi-Gras. Marché
le samedi.

Janvier. — 2 Mont-s-V., Tramayes. 3 Épinac, Perrecy-les-F. 4 Lucenay-
l'Év. 5 Petite-Verrière. 6 Blanzy. 7 Digoin, Étang, Leynes, Tournus. 8 Anost.
9 Bourgneuf, La Tannière. 10 Bois-Ste-M. 11 Fontaines, Pierreclos, Vérosvres.
13 Bellevesvre, Gueugnon. 15 Romanèche, Savigny-en-R. 16 Couches, S-Bonnet-
de-J. 17 Pierre, Saint-Étienne, Senozan, Toulon. 18 Dompierre, Salornay-s-G.,
Cronat. 19 Cuiseaux, Cussy-en-M. 20 Issy-l'Év., Saint-Martin-en-B. 21 Saint-
Léger-s-B. 22 Beaubery Bourbon, Chapelle-de-G., Romenay, Sennecey. 26
Cloudeau, Saint-Prix. 28 Cray. 29 Châteauneuf. 31 Saint-Vallier.
Février. — 1 Tramayes. 2 Lugny, Étang. 3 Marigny, Simard. 4 Perrecy.
5 Saint-Bonnet-de-J. 6 Cuiseaux, Ouroux. 7 Neuvy. 8 Allerey. 9 Dompierre.
Couches. 10 Gr.-Verrière, Mesvres. 12 Joncy, Labelouse. 14 Montbellet. 15
Saint-Dezert, Couches, Saint-Symp.-de-M. 17 Cormatin, Saint-Léger-s-B.
18 Genouilly. 20 Labussière, Anost. 22 Brancion, Les Bruyères 23 Sanvigne.
24 Cussy, Marizy. 25 Bourbon, Saint-Léger. 27 Toulon. 28 Verdun.
Mars. — 1 Buxy, La Guiche, Mervans. 2 Lys. 3 Saint-Amour, Marcilly, Sagy.
4 Azé, Pierreclos. 5 Salornay. 6 Domp.-les-O. 7 St-Bonnet de-J. 8 Couches, Sennecey, Saint-Albin. 9 Martigny. Montchanin. 10 Grury. 11 Cussy, Ouroux.
12 Lugny, Saint-Marcel. 13 Genelard. 14 Essertenne, Saint-Yan. 15 Mont-s-V.,
Ouroux, Tramayes, Saint Usuge. 17 Chissey, Navilly, Saillenard. 18 Saint-
Romain-s-G. 19 Épinac, Lays, Senozan. 20 Anost, Mazille, Ormes. 21 Issy-l'É.,
Villeneuve. 22 Jully. 23 Sens. 25 Antully, Perrecy, Uchizy. 26 Leynes, Tremblay.
28 Cuiseaux, Saint Loup-de-la-Salle. 29 Beaubery. 30 Bourbon, Serrigny.
31 Labussière.
Avril. — 1 Bois-Sainte-Marie, Écuisses. 3 Cray, Romanèche. 4 Neuvy.
5 Palinges. 6 Brancion, Saint-Léger-s-Dh., Vitry-s L. 7 Montcony. 8 Epervans,
Saint-Jean-des-V. 9 Dompierre, Saint-Émiland, Sassangy. 10 Blanzy. 11 Gueu-
gnon, Saint-Boil, Sassenay, Thurey. 13 Saint-Bonnet-de-J. 15 Chagny, Cormatin. 16 Cronat. 18 Bey. 19 Digoin, Salornay. 20 Mont-s V., Pierre. 21 Tramayes. 23 Couches. Labussière, Lessard-en-B., Lugny. 24 Simandre, Saint-
Vallier. 25 Les Bruyères, Mouthiers, Saint-Bonnet-en B. 26 Cuiseaux, Mélay,
Savigny-en-R. 27 Devrouze, Marcilly, Saint Léger, Pierreclos. 28 Lys, Toulon.
29 Fiacey. 30 Anost, Montceau.
Mai. — 1 La Guiche. 2 Buxy, Épinac, Issy-l'Év., Mervans, Ozolles, Saint-
Léger-de-la-B., Varennes-s-Don, Mussy-s-D., Saint-Sorlin. 3 Blanzy. 4 Bourgneuf, Marmagne, Martigny, Saint-Léger-s-B. 5 Saint-Julien-de-Cr., Perrecy.
6 Genouilly, Sologny, Sainte-Croix, Saint-Étienne, Saint-Jean-des-V. 7 Cray.
8 Sagy, Sennecey. 9 Senozan, la Tannière. 10 Dompierre, Verdun. 11 Gueugn.
12 La Chap.-s-S., Digoin, Loisy. 13 Chenay. 14 Bragny, Essertenne, Labelouse.
15 Azé, Sommant, Villegaudin. 16 Les Bruyères, Ormes, Saint-Léger-s-B.
17 Beaurepaire, Genelard, Montchanin, Navilly. 18 Saint Émiland, Tremblay,
Uchizy. 19 Saint-Bonnet-de J. 20 Saint-Usuge. 21 Villeneuve-M. Saint-Yan.
23 Châteauneuf, Couches, Montbellet, Saint-Vallier. 24 Palinges. 25 Joncy, Tramayes. 27 Cuiseaux, Saillenard, Salornay, Toulon. 28 Mont-s-V. 29 Tintry.
30 Montpont. 31 Bois-Sainte-Marie, Ouroux.

FOIRES DU DÉPARTEMENT DE SAONE-ET-LOIRE.

Juin. — 1 Leynes, Pierre 4 Perrecy. 5 Mazilles. 6 Brancion. 7 Labelouse, Issy-l'Év., Montsauge, Saint-Martin-en B., Sens. 8 Dompierre. 10 Digoin, Cormatin, Gr.-Verrière. 11 Châteaurenaud, Marcilly, Montbellet. 12 Chagny, Cressy. 13 Bruyères, Saint-Julien-de-C. 14 Cray. 15 Cussy, Diconne, Lys, Savigny-en-R. 16 Cruzille. 17 Navilly. 18 Gueugnon, Loisy. 20 Bourg-le-C. 22 Salornay, Simandre, Verdun. 23 Couches, Toulon, Tramayes. 24 La Chap.-de-G. 25 Saint-Sorlin. 27 Sigy-le-Châtel. 28 Montceau. 29 Blanzy. 30 Brancion, Bellevesvre, Lays, Senozan, Simard.

Juillet. — 1 Cloudeau, Genouilly 2 Châteauneuf. 4 Buxy. 5 Devrouze, Pallinges. 6 Saint-Leger 8 Sennecey. 10 Cuiseaux. 12 Antully, Sornay. 13 Perrecy 15 Tramayes. 17 Navilly, Saillenard, Saint-Émiland. 19 Salornay-sur-Gr. 20 Toulon. 21 Melay. 22 Branges, Digoin, Remigny. 24 Crèches, Issy-l'Év. 26 La Guiche. 27 Saint-Vallier. 28 Bourbon. 29 Mont-Saint-Vincent. 30 Dompierre, Germolles, Saint-Germain-du-P., Saint-Yan.

Août. — 1 Mervans. 2 Marizy, Neuvy. 3 Bois-Sainte-Mar., Chenay, Perrecy, Saint-Amour. 4 Marcilly. 5 Sagy 6 Sens, Villen.-en-M. 7 Tramayes 8 Lys. 11 Les Bruyères, Château-Ren., Montcenis. 13 Genouilly, Ouroux, Serrigny. La Croix-Bout., Flacey, Roussillon, Sailly. 16 Cormatin, Chardonnay, Lays, Lessard en-B., Mesvres, Montceny, Senozan, Trembly. 16 Vitry-s-Loire. 17 Gourdon, Gueugnon. 18 Loisy. 19 Saint-Bonnet-de-J. 20 Beaurepaire, Saint-Jean-de-V. 21 Bourgneuf, [illegible] 22 Châteauneuf, [illegible] Verjux. 23 Cronat, Sanvignes, Verdun. 24 Antully, Bourbon, Buxy, Genelard Saint-Julien-de-C., Simandre. 25 La Tannière. 26 La Balme, Couches, Grury, Saint-Sorlin 27 Blanzy. 28 Digoin, Sennecey. 29 Lugny. Montchanin. 30 Chagny, Saint-Jean-des-V. 31 Beaubery.

Septembre. — 1 Saillenard. 2 Mouthiers. 3 Saint-Marcel, Tramayes. 4 Perrecy, Pierre, Salornay. 6 Brancion, Diconne, Saint-Germain-du B. 7 Château-Chinon, Mont-Saint-Vincent. 8 Bois-Sainte-Marie, Saint-Etienne-en-B. 9 Messey, Romenay, Tronchy, Saint-Léger. 10 Lucenay. 11 Cuiseaux. 12 Dompierre, Joncy. 15 Epervans, Monceau. Toulon. 16 Cronat, Gigny. 16 Sassenay, Sainte-Croix 18 Martigny, Saint-Germain-du-B., Uchizy. 22 Gergy, Lays, Savigny-en-R. 23 Branges 24 Saint-Léger, Saint-Yan. 25 Saint-Bonnet-de-J. 26 Gueugnon. 27 Les Bruyères. 28 Savigny-en-R. 29 Bourg-le-Comte, Etang. 30 Digoin, Sagy, Saint-Germain-du-P.

Octobre. — 1 Couches. 3 Labelouse, Sanvignes. 4 Pallinges. Saint-Bonnet-en-B. 5 Neuvy, 6 Cressy. 8 Bourbon 2 jours. 9 Lucenay, Marcilly. 10 Frangy, Lavilleneuve, St-Maur.-des-P, 11 Montcenis. 13 Tramayes. 14 La Guiche. 15 Chagny, Cussy, Dompierre, Villegaudin. 16 St-Bonnet-de-J., Montchanin, Serrigny. 17 Navilly. 18 Buxy, Viry, Simandre. 22 Lys. 25 Epinac. 26 Bourbon 2 (jours), Cormatin. 27 Les Bruyères. 28 Chenay, Chissey, Cuiseaux, Salornay, Verdun. 29 Prissé.

Novembre. — 2 Perrecy, St-Mart.-les-A. 3 Montcenis. 5 St-Berain-sur-D., St-Léger-s.-la-Bussière. 6 Bellevesvre, Ouroux, Paray, St-Albin. 7 Champvent, Flacey, Issy-l'Évêque. La Guiche. 8 Sennecey. 9 Martigny. 10 Couches, Plicerne, Romanèche 11 Blanzy, Mervans, Saint-Martin-s-M. 12 Bourg-le-Comte. 12 Cluny, Laives, Romenay, Saint-Dezert. 14 Toulon. 15 Azé, Leynes, Saint-Yan. 16 Saint-Bonnet-de-J. 17 Saillenard. 18 Genelard, Uchizy. 19 Châteauneuf. 20 Anglure, Écuisses, Varennes-le-G. 21 Chapelle-Saint-Sauveur, Dompierre. 22 Cuisery, Lys 23 Joncy. 24 Bourgneuf, Bourbon, Lucenay, Saint-Léger. 25 Bois-Sainte-Marie, Brancion. 26 Tramayes. 28 Cronat. 29 Digoin, La Chapelle, Saint-Sorlin.

Décembre. — 1 Anost, Cruzille, Saint-Martin en-B. 3 Étang, Marcilly, Sommant. 4 Chasselas, Dommartin. 4 Perrecy. 5 La Tannière. 6 Cloudeau, Lugny. 7 Salornay. 8 Champforg., Gourdon. 9 Loisy, Trembly. 10 Saint-Bonnet-de-J. 11 Saint-Léger-s-B, Buxy. 12 Domp.-les-O., Cuiseaux, Saint-Loup-de-la-Salle, Toulon-s-Ar. 13 Crèches. 14 Chagny, Saint-Amour. 15 Tramayes. 16 Cussy, Montchanin. 18 Les Bruyères. Saint-Jean-de V., Saint-Léger-sur-D., Sennecey-le-Grand. 20 Gueugnon. Simandre. 21 Montcenis. 22 Bourbon, Cormatin. 23 Beaubery, Saint Didier 26 Saint-Léger. 27 La Guiche. 28 Labelouse. 29 Varennes-Saint-S. 30 Germolles, Saint-Marcel. 31 Dompierre.

COMICE AGRICOLE

DES CANTONS

D'AMPLEPUIS ET THIZY

De quatre communes du canton de Lamure et de Saint-Just-d'Avray

COMPTE-RENDU

du Concours du 10 Octobre 1874

A CUBLIZE

Le Concours annuel du Comice des cantons d'Amplepuis et Thizy a eu lieu à Cublize sous la présidence de M. Rejaunier, membre du Conseil général.

A midi, les diverses commissions d'examen ayant terminé leurs travaux, la distribution des Primes a eu lieu, et M. Rejaunier, président du Comice, a commencé la cérémonie par le discours suivant :

Messieurs,

Comment après deux années seulement nous trouvons-nous de nouveau réunis à Cublize ? Comme vous le savez, le concours devait avoir lieu à Grandris, en suivant l'ordre établi au moment de la réunion de six communes du canton de Lamure à notre comice (ordre consenti par les communes ou leurs représentants en 1862). Pour des raisons que nous n'avons pas à approfondir et que nous croyons être bonnes, cette populeuse et industrieuse commune nous a refusé l'hospitalité ; après Grandris, c'est à la ville de Thizy à recevoir le comice, Thizy a refusé de le recevoir hors son rang, en 1874 ; c'était son droit, il n'y a rien à redire. Cours après avoir hésité a fini par y renoncer.

Fatigués de ces refus et n'ayant pas l'espoir de voir notre demande accueillie ailleurs, devions-nous renoncer pour ces difficultés à tenir notre concours annuel ?

Devions-nous rembourser à l'administration les 1466 fr. 66 cent. d'allocation que nous allons vous distribuer ? Non, c'eut été manquer à la mission que vous nous avez confiée.

Votre bureau, Messieurs, a pensé qu'il avait un devoir impérieux à remplir : celui de faire le concours annuel du Comice, malgré le refus des communes, malgré les difficultés et les retards qui ont été la conséquence de ces refus. C'est pour cela que nous sommes de nouveau réunis à Cublize en 1874 au lieu de l'être en 1879.

Puisque les communes, pour de bonnes raisons sans doute, ne pouvaient pas recevoir les cultivateurs, il incombait à un membre de votre bureau d'offrir un asile à ce pauvre Comice exilé, repoussé de rivage en rivage.

Dans les conditions où nous sommes, nous avons besoin de toute votre indulgence et de votre bienveillance accoutumée.

Réduits à la minime allocation du comice qui, voyant les ressources diminuer par l'indifférence des anciens souscripteurs et par la diminution des *allocations départementales*, ne peut pas faire les frais que faisaient les communes, et ne voulant pas diminuer l'importance des primes, nous nous sommes vus contraints de nous priver d'une fanfare et d'une estrade.

Messieurs, si l'hospitalité que nous vous offrons est bien modeste, elle n'en est ni moins sympathique ni moins cordiale.

L'organisation de ce Comice laisse paraît-il à désirer: de ce que nous éprouvons des difficultés, est-ce une raison pour nous décourager et jeter le manche après la cognée? non, Messieurs, les Agriculteurs habitués à lutter contre toutes les intempéries des saisons, ne se laissent pas ainsi vaincre par des difficultés passagères, ils sont tenaces, persévérants, ils maintiendront le Comice.

Ils comprendront la nécessité de se réunir, de se grouper pour lutter contre les malveillants et les indifférents. Dès cet hiver, j'aurai l'honneur de vous convoquer plusieurs fois, aussi souvent qu'il sera nécessaire pour chercher ensemble les moyens les plus efficaces d'asseoir notre

Comice sur des bases solides ; aussi dès ce moment j'appelle vos réflexions sur cet important objet.

C'est la 4me zone qui concourt cette année pour les prix de bonne culture et les primes locales. La commission de visite était composée de MM. Eugène Brun, Poyet fils, Bajard, Durillon et votre serviteur. L'année dernière nous félicitions les cultivateurs de la 3me zone qui nous avaient présenté 27 déclarations, nous ne pouvons pas en faire autant cette année ; dans les quatre communes de Bourg-de-Thizy, Thizy, Marnand et St-Jean-la-Bussière, 12 concurrents seulement se sont présentés; à Bourg-de-Thizy, 5 ; à Saint-Jean, 4 ; à Marnand, 3 ; à Thizy aucun C'est peu, dans une zone la plus fertile des cinq du Comice. Permettez-moi de vous le dire, Messieurs de la 4me zone, depuis 7 ans, époque de la dernière visite, le progrès, chez vous, semble s'être ralenti, peu d'efforts ont été faits, aucune amélioration ne s'est produite ni pour la viticulture, ni pour le reboisement, ni pour les luzernes, ni pour la tenue des fumiers, ni pour l'emploi d'instruments nouveaux ; l'ensemble de la culture paraît rester dans le *statu quo*. Prenez garde, quand on n'avance pas on recule ou on est bien près de reculer. Pendant que la 4me zone se reposait sur ses lauriers, la 3me zone (partie orientale et montagneuse du Comice), Ronno, Saint-Just, Grandris et Meaux, marchait résolument dans la voie des améliorations, plantation de vignes, reboisement, irrigations, etc., etc.

En agriculture, une amélioration en appelle une autre, un progrès en appelle un autre ; le chemin à parcourir est bien plus vaste que celui parcouru. Ne nous laissons donc pas aller, remettons-nous résolument à l'œuvre, instruisons-nous, étudions ce qui se fait chez le voisin ; soyez-en convaincus, la terre récompense toujours les soins qu'on lui donne.

Permettez-moi, Messieurs, d'appeler votre attention sur une des principales causes de la destruction des récoltes, des fruits et des légumes ; chaque année nous voyons des myriades d'insectes éclore sur les haies, les arbres fruitiers et forestiers et, de là, se répandre sur les récoltes de toutes sortes ; la quantité en augmente à mesure que le nombre des oiseaux diminue. Si on ne prend des mesures énergiques pour la conservation des petits oiseaux, ils auront bien vite disparus de nos pays, et, comme ils sont les véritables destructeurs des insectes, nos récoltes, nos fruits, nos haies, nos arbres seront dévorés, dévastés. Que devons-nous faire pour arrêter cette destruction ? Chaque père de famille doit expliquer à ses enfants qu'en dénichant un nid, ils commettent une mauvaise action, qu'ils détruisent sans profit pour personne ces charmantes petites bêtes qui embellissent et réjouissent nos bosquets et nos bois par leur brillant plumage et leurs riantes chansons et qui conservent nos récoltes, nos fruits et nos légumes. C'est une barbarie de détruire les nids d'oiseaux qui ne font que du bien aux hommes ; dans un pays civilisé, les enfants devraient savoir que c'est faire mal que de détruire les petits oiseaux : c'est l'indice d'un méchant naturel. N'éprouve-t-on pas dix fois plus de plaisir à voir voleter ces jolis volatils et à entendre leur doux ramage que de les détruire ! En Angleterre, en Bavière et dans d'autres pays, on voit les enfants reporter dans leur nid les petits tombés par accident. J'engage donc les instituteurs et tous les pères de famille à recommander sans cesse la conservation des nids et des oiseaux, à ne pas souffrir que les enfants en apportent à la maison ou à la classe. Ce sera rendre un véritable service à l'Agriculture.

Après ce discours, qui a été vivement applaudi, lecture a été faite du Rapport de la Commission de visite pour la bonne culture et les primes locales.

RAPPORT

De la Commission de visite pour les Prix de bonne Culture et Primes locales.

1er PRIX. (MEDAILLE DE BRONZE ET 100 FR.)

M. Lély (Jean-Louis), depuis 26 ans, fermier de M. Chorenne, à Saint-Jean-la-Bussière, est un bon cultivateur ; dans ces dernières années il a exécuté des travaux importants ; des talus énormes ont été transportés du bas des terres à leur cime, la culture ne présente rien de transcendant, mais l'ensemble en est bon, les pommes de terre sont en bon état, les trèfles sont beaux ; il a fait des prés, il a amélioré les anciens, son bétail est bien tenu, enfin, les progrès qu'il a réalisés lui ont valu le premier prix de culture.

2e PRIX (MÉDAILLE DE BRONZE ET 75 FR.)

M. Lafond (Jean-Marie-Philibert), dit Joseph, propriétaire à Marnand, depuis 3 ans, possède une propriété de 6 hectares environ, sur lesquels il entretient 5 têtes de gros bétail, dont il a le plus grand soin. Ce jeune cultivateur, depuis le court espace de temps qu'il cultive son domaine, a déjà défoncé près de 2 hectares, c'est beaucoup; aussi toutes ses récoltes paraissent dans un sol où la couche arable était bien faible avant le défoncement.

Ce jeune cultivateur a le goût de son métier; s'il continue dans cette voie, il ne peut que réussir.

3e PRIX (MÉDAILLE DE BRONZE ET 50 FR.)

M. Marvallin (Fleury), fermier à Saint-Jean-la-Bussière, par la bonne culture et les améliorations faites dans le domaine qu'il cultive, a mérité le troisième prix de culture.

SYLVICULTURE. — REBOISEMENTS.

Pas de déclarations, pas de prix décernés.

CRÉATION DE PRAIRIES NOUVELLES ET IRRIGATION (PRIX UNIQUE EX ÆQUO).

MM. Barberet et Monchanin, propriétaires au Bourg-de-Thizy.

M. Barberet a créé en 5 années une très-belle prairie de 55 mesures, d'une mauvaise terre il en a fait une excellente prairie ; il l'a entourée de haies ; il recueille les eaux dans 24 petites serves pour l'irrigation, et 2 abreuvoirs pour les bestiaux à l'emboûche.

M. Monchanin, lui, a créé un petit pré de 12 mesures environ ; ce que cette création lui a coûté d'efforts, de peines, de tracas, est inimaginable ; arrangement avec les voisins, achat de parcelles, enlèvement de broussailles, destruction de ronces, extraction de pierres, nivellements, mouvements de terrains. Ce brave homme a tout fait de sa main, aussi a-t-il réussi par un travail considérable à se faire un petit capital, si son pré vaut 250 francs la mesure, et il les vaut (l'herbe y pousse drue et les arbres à fruits y ont une belle venue), ses peines ne sont pas perdues, si le pré vaut 3,000 au lieu de 500, il n'aurait pas fait une mauvaise affaire. Ce travail assidu et persévérant a paru mériter une récompense, et la Commission lui donne le prix *ex æquo*, avec M. Barberet, pour création de prairies nouvelles.

MENTION HONORABLE.

M. Guillon, fermier, à Bourg-de-Thizy, par la création de nouvelles prairies, a mérité une mention honorable.

LUZERNIÈRES.

(PRIX UNIQUE EX ÆQUO).

MM. Chenaud (Claude), propriétaire, à Saint Jean-la-Bussière ;

Lépine (Jean-Claude), fermier à Marnand.

M. Chenaud se met sur les rangs pour les luzernes et la tenue des fumiers. Sa luzerne peut avoir de 35 à 40 ares ; ensemencée par 15 livres de graines en avril 1874 sur un minage de 18 pouces de profondeur, et seule, sans autre récolte, a pu être fauchée 2 fois la première année ; elle est bien réussie.

M. Lépine (Jean-Claude), fermier, à Marnand, a deux parcelles de luzerne passable, situées au-dessus du village de Marnand, a une altitude au moins de 600 mètres ; si cette plante précieuse prospère dans une région aussi froide, on peut espérer de la voir prospérer partout dans nos montagnes, avec une bonne fumure, du calcaire, et un défoncement.

VITICULTURE. — PLANTATION DE VIGNES.
(Prix unique).

M. Baron, de la Charmille, propriétaire au Bourg-de-Thizy, possède 28 mesures en vignes, de différents âges ; elles paraissent très-bien établies, surtout les dernières plantées ; et poussent vigoureusement sur un terrain graveleux qui leur convient, cependant, nous devons faire remarquer que si les vignes de la Charmille sont bien établies, elles laissent beaucoup à désirer sous le rapport de l'entretien ; le rattachage, l'épamprage, l'ébourgeonnage, ne sont pas faits au temps voulu ; les herbes aussi y foisonnent ; beaucoup de ces herbes, telles que, chardons et autres plantes vivaces y mûrissent leurs graines qui infectent le sol ; il est essentiel dans une vigne encore plus qu'ailleurs de ne jamais laisser les mauvaises herbes mûrir leurs graines ; car, il est bien difficile et bien coûteux de les faire disparaître, souvent une économie mal entendue occasionne une grande dépense.

BONNE TENUE DES FUMIERS.

(PRIX UNIQUE EX ÆQUO).

MM. CHENAUD (Claude) déjà nommé ;

Et M. GUILLON (Philibert), déjà nommé.

Le fumier de M. CHENAUD est entouré d'un mur, le purin qui vient de l'étable passe dessous la motte et tombe avec le jus du fumier dans une fosse qui se trouve en aval et en tête d'une prairie.

NOMS DES LAURÉATS.

Prix de bonne culture. — Primes locales.

1er Prix. Médaille de bronze et 100 fr. — M. Lély (Jean-Louis), fermier, à Saint-Jean-la-Bussière.

2e Prix. Médaille de bronze et 75 fr. — M. Lafond (Jean-Marie-Philibert), dit Joseph, propriétaire, à Marnand.

3e Prix. Médaille de bronze et 50 fr. — M. Marvallin (Fleury), fermier, à Saint-Jean-la-Bussière.

Sylviculture. — Reboisements.

Pas de déclarations, pas de prix décernés.

Création de prairies nouvelles et irrigation.

Prix unique, 50 fr. *ex æquo*. — MM. Barberet (Claude), et Monchanin (Antoine), du Bourg-de-Thizy.

Mention honorable. — M. Guillon (Philibert), au Bourg-de-Thizy.

Luzernes.

Prix unique, 30 fr. *ex æquo*. — MM. Chenaud (Claude), propriétaire, à Saint-Jean-la-Bussière;

Et Lépine (Jean-Claude), fermier à Marnand.

Viticulture. — Plantation de vignes.

Prix unique, 50 fr. — M. Baron, de la Charmille, au Bourg-de-Thizy.

Bonne tenue des fumiers.

Prix unique, 25 fr. *ex æquo*. — MM. Chenaud (Claude), déjà nommé;

Et M. Guillon (Philibert), déjà nommé.

Arboriculture. — Taille des arbres.

Prix unique, 25 fr.

Horticulture.

1er Prix. Légumes, 25 fr.

2e Prix. Fruits et fleurs, 20 fr.

Le meilleur beurre.

Prix unique, 20 fr.

Gardes-champêtres.

Prix unique, 20 fr.

Race bovine.

Première catégorie. — TAUREAUX AGÉS DE 6 A 18 MOIS.

1er Prix.	M. Magnin (Victor), Marnand.	80 fr.
2e Prix. *ex æquo*	M. Alloin (J.), Mardore.	70
	M. Chollet frères, Cublize.	

Deuxième catégorie. — TAUREAUX DE 18 MOIS A 3 ANS.

1er Prix.	M. Passet (Jean-Marie), Mardore.	90 fr.
2e Prix. *ex æquo*	M. Bajard (J.-M.), Ronno. M. Desvarenne (Victor), Cublize.	80

GÉNISSES DE 1 A 3 ANS.

1er Prix.	M. Thoviste (J.-J.), Cublize.	70 fr.
2e Prix.	M. Poizat-Brossard, Cours.	60
3e Prix.	M. Fouillet (Émile), Cublize.	50
4e Prix.	M. Barberet (Claude), Bourg-de-Thizy.	40
5e Prix.	M. Passet (Philibert), Mardore.	30

VACHES D'APTITUDE LAITIÈRE.

1er Prix.	M. Chollet frères, Cublize.	55 fr.
2e Prix.	M. Chassin, Amplepuis.	40
3e Prix.	M. Debiesse, Cublize.	25
4e Prix.	M. Chenaud, Saint-Jean-la-Bussière.	15

VACHES D'APTITUDE A ENGRAISSER.

1er Prix.	M. Vignon (J.), Ronno.	55 fr.
2e Prix.	M. Magnin (Victor), St-Jean-la-Bussière.	40

BANDES DE VACHES.

1er Prix.	M. Chenaud (Claude) St-Jean-la-Bussière	80 fr.
2e Prix.	Pas décerné.	

Race chevaline.

JUMENTS POULINIÈRES.

1er Prix.	M. Longere (Antoine), Cublize.	40 fr.
2e Prix.	M. Perrin (B.), Saint-Bonnet.	20

POULICHES.

1er Prix. M. Despierre, Thizy. 30 fr.
2e Prix. Malatrait, Marnand. 20

POULAINS.

1er Prix. } Chassin, Amplepuis. 20 fr.
ex æquo } Vacheron, Amplepuis. 20
2e Prix. Pontet (Pierre), Ronno. 15

MENTION POUR POULAINS NON HONGRES.

M. Girin, de Meaux. 10 fr.
M. Cortez, Amplepuis. 10

Race porcine.

VERRATS.

Prix. M. Pontet (Pierre), Ronno. 40 fr.

TRUIES PORTIÈRES.

Prix. Renard, Saint-Jean. 30 fr.

Concours de labourage.

ATTELAGE A 4 BŒUFS.

1er Prix. Fouillat (C.), Amplepuis. 35 fr.
2e Prix. Billet, Cublize. 25

ATTELAGE A 2 BŒUFS.

1er Prix. M. Chassin, Amplepuis. 25 fr.
2e Prix. M. Alloin (Jean), Mardore. 20

ATTELAGE A 2 VACHES.

1er Prix. M. Lachal, Ronno. 20 fr.
2e Prix. M. Chavanis (Félix), Cublize. 10

Serviteurs agricoles.

HOMMES.

1er Prix. Médaille de bronze et 50 fr. — M. Favrichon, Meaux.
2e Prix. Médaille de bronze et 40 fr. — M. Boyer (Jean), Meaux.

FEMMES.

1er Prix. Médaille de bronze et 50 fr. — Mme Vieilly (Antoinette), de Grandris.
2e Prix. Médaille de bronze et 40 fr. — Mme Perrier (Agathe), Ronno.

Serviteurs industriels.

OUVRIERS EN MANUFACTURE.

Médaille de bronze et 50 fr. — Thomasson (Julien), Saint-Vincent.

LISTE

DES

MEMBRES TITULAIRES

DU COMICE AGRICOLE

Des cantons d'Amplepuis et Thizy

DE QUATRE COMMUNES DU CANTON DE LAMURE
ET DE SAINT-JUST-D'AVRAY

Amplepuis.

1 Ardnin.
2 Beroud, à Rébé.
3 Boisset Jacques.
4 Brunon, notaire.
5 Chassin Gabriel.
6 Combe, pharmacien.
7 Collombat.
8 Comby, fermier.
9 Cortay Jacques.
10 Couty, notaire.
11 Demont Pierre.
12 Dutour, curé.
13 Devarenne, à Rébé.
14 Fouillat Claude.
15 Gaydon, à Labrosse.
16 Guillon Claude.
17 Goutard Jean-Marie.
18 Lagoutte Jean.
19 Lapoire J.-M.
20 De Lagoutte A.
21 De Lagoutte P.
22 Lely Jean-Marie.
23 Murat Jean.
24 Perret, docteur.
25 De Pomey.
36 Poyet Jean.
27 Ovize, fermier.
28 Planus Jean.
29 Raffin André, secrétaire.
30 Roche (Mlle).
31 Tholin Jean-Marie.
32 Tholin frères.
33 De Varax Paul.
34 Villy Auguste, maire.
35 Vacheron, de Coucy.

Bourg-de-Thizy.

1 Barberet Claude.
2 Baron François.
3 Berthigny Jacques.
4 Cherpin, maire.
5 Durand veuve.
6 Fouilland, vicaire.
7 Goyet, aîné.
8 Goutard Claudius.
9 Guillon Philibert.
10 Labranche, adjoint.
11 Monchanin Antoine.
12 Poizat-Coquard.
13 Sabatin.
14 Tachet, meunier.
15 Thévenon, curé.

Cours.

1 Boit Jean-Claude.
2 Burnichon Antoine.
3 Chapon.
4 Cortay fils.
5 Vve Chavanon-Dumoulin.
6 Cherpin André.
7 Fusil Claude-Marie.
8 Gauthier Charles.
9 Michalot jeune.
10 Perrin Alphonse.
11 Perrin Louis-Hippolyte.
12 Perrin Victor.
13 Poizat, adjoint.
14 Vve Poizat-Brossard.
15 Senac Louis, maire.
16 Sarrazin.

Cublize.

1 Aubonnet Math., meunier.
2 Bonnetain, adjoint.
3 Chambefort, propriétaire.
4 Chavanis Philibert.
5 Cholet Jules.
6 Chollet frères.
7 Dévarenne Victor.
8 Debiesse.
9 Fouillet Émile.
10 Fillon Jean-Claude.
11 Giraud-Dubessy.
12 Lachal fermier.
13 Laroche aîné, propriétaire.
14 Longère Antoine.
15 Malatrait.
16 Melton Paul.
17 Paillaçon.
18 Perras Edmond, négociant.
19 Perrin notaire.
20 Pontille J.-C. propriétaire.
21 Robert, curé.
22 Rejaunier, président.
23 Thoviste.
24 Truchet d'Ars.

Grandris.

1 Cottinet C.-M.
2 Durillon Jaan-Marie.

La Chapelle-de-Mardore.

1 M. Girin.

Mardore.

1 Alloin Jean.
2 Burnichon Louis.
3 Desseigné vice-Secrétaire.
4 Moncorgé Julien.
5 Vernière Louis.
6 Passet.

Marnand.

1 Grillet, maire.
2 Magnin Eustache.
3 Lafond.

Meaux.

1 Auboyer Jean.
2 Buty Jérôme.
3 Chevalard Louis.
4 Favrichon Alphonse.
5 Girin Jules.
6 Plasse-Dupuis.

Ranchal.

Pas de Souscriptions.

Ronno.

1 Aubonnet fermier.
2 Bajard. —
3 Barras. —
4 Brun Eugène.
5 Chatard fermier.
6 Dumas.
7 Farges Pierre.
8 Guillemin, adjoint.
9 Papillon aîné.
10 Pierrefeu, maire.
11 Pontet Pierre.
12 De Saint-Victor, député.
13 Vignon, fermier.

Saint-Bonnet-le-Troncy.

1 Beaujeu Amédée.
2 Favrichon Jules.
3 Magnin Antonin.
4 Magnin Félix, maire.
5 Robin Claude.

Saint-Jean-la-Bussière.

1 Cherpin Claude-Marie.
2 Chenaud Claude.
3 Chirat Jean.
4 Chizallet Claude, fermier.
5 Chorenne Cortay.
6 Lély Louis, fermier.
7 Martin Jean-Marie.
8 Martin, maire.
9 Martin Pierre.
10 Marvallin Fleury.
11 Magnin Victor.
12 Pierrefeu Claude-Marie.
13 Poulard, curé.
14 Renard.
15 Thimonnier Jean.
16 Valentin Claude.

Saint-Just-d'Avray.

1 Bedin Julien, prop.
2 Dumontet Julien.
3 Guaydon François.
4 Guillermin.
5 Mellet Jean-Claude.
6 Proton Abel, avocat.
7 Proton Benoît-Marie.
8 Terme Joannès.

Saint-Vincent-de-Reins.

1 Breterie.
2 Granger François.
3 Lacroix Louis.
4 Montibert trésorier.
5 Montibert Jean.

Thel.

Pas de Souscriptions.

Thizy.

1 Auquier, maire.
2 Calvatte Victor.
3 Chazelle Claude.
4 Dépierre Michel.
5 Ferrary, notaire.
6 Girard Vignon.
7 Girerd Chalumet.
8 Marchand Émile.
9 Marquetout-Vial.
10 Moncorgé, juge de paix.
11 Moncorgé Charles.
12 Périer, adjoint.
13 Pierrefeu-Bedin.
14 Suchel Lazarus.
15 Tournaire Léon.
16 Verrière Toussaint.

1875

ORDRE DU CONCOURS

Le Concours aura lieu à Thizy.

Les prix de bonne culture et les primes locales seront distribués dans la 5e zone (Cours, la ville de Cours, Mardore, la Chapelle-de-Mardore).

Les prix d'horticulture et arboriculture seront distribués dans la 3e zone (Ronno, Saint-Just-d'Avray, Grandris et Meaux).

Les serviteurs agricoles concourront dans la 2e zone (Saint-Vincent, Thel, Ranchal, Saint-Bonnet-le-Troncy).

Les ouvriers de l'industrie et gardes-champêtres, dans la 4e zone (Saint-Jean-la-Bussière, Thizy, Bourg-de-Thizy et Marnand).

Le Secrétaire,

ANDRÉ RAFFIN.

Imp. BOURGEON, rue Mercière, 92, Lyon.

www.ingramcontent.com/pod-product-compliance
Lightning Source LLC
LaVergne TN
LVHW010007230826
846092LV00002B/694

* 9 7 8 2 3 2 9 6 5 5 8 2 6 *